【中国传统题材造型】

居牛腿

徐华铛 ■编著

■
中国林业出版社

图书在版编目（CIP）数据

中国传统题材造型．民居牛腿／徐华铛编著．－北京：中国林业出版社，2012.4
ISBN 978-7-5038-6546-6

Ⅰ．①中…　Ⅱ．①徐…　Ⅲ．①民居－木雕－建筑艺术－中国－图集
Ⅳ．① J522 ② TU241.5-64

中国版本图书馆 CIP 数据核字（2012）第 074385 号

丛书策划　徐小英
责任编辑　赵　芳
封面设计　赵　芳
设计制作　骐　骥

图案型牛腿

出　　版	中国林业出版社（100009　北京西城区刘海胡同 7 号） http://lycb.forestry.gov.cn E-mail:forestbook@163.com　电话：(010)83222880
发　　行	中国林业出版社
制版印刷	北京捷艺轩彩印制版技术有限公司
版　　次	2012 年 4 月第 1 版
印　　次	2012 年 4 月第 1 次
开　　本	190mm×210mm
字　　数	142 千字　插图约 290 幅
印　　张	7.5
印　　数	1～5000 册
定　　价	48.00 元

浙江东阳卢宅大门

编著：

徐华铠

主要摄影：

徐华铠

摄影及照片提供者：

徐积锋　吴金明　林格峰
郭利群　蒋乃文　刘慎辉
吴建新　俞沛旺　何雪青
范　兵　徐　艳

此中别有一方天

—— 为华铛君的"中国传统题材造型"系列丛书作序

  工艺家、鉴评家徐华铛，才足兼通，流可归杂，然述而有作，自具器识，染指文墨，每有异响。尤在工艺美术领域，其对作品的推介及史论的研索更有建树，迄已成书六十余部，行文百数万言，可谓书香盈门，硕果满枝。

  艺文之果，声希踪远，其于民族艺术之激扬自有催化之力，于工艺史论的研究更有奠基之功。华铛君其自出道始即耽缅于民族艺术之汪洋，耕耘于传

灿若锦绣的浙江上虞虞舜宗祠牛腿

统文化之沃土，于故纸堆里淘金，从瓦砾丛中拾珠，孜孜兀兀，心无旁骛，寒暑数历、春秋几度，纵茧缚其无悔，开花甲而依然。就凭这股子精神，前路自必成蹊矣。

徐华铛著书，自有面向，自有所持，自有风致。为致实用计，他坚持图文并茂甚而以图为主，附图务期精，务期多，所选图例既有传世之古物，公认之佳作，更有见所未见搜罗于乡野坊间的遗珠。图又分真赝，真者即影像件，赝者即摹写本，前者之优，真切如在；后者之胜，洗练明确。行文方面，他坚持以浅显的语言，述说梗概，阐发深义，既有渊源的追溯，又有理论的扶持。正是这种坚持，他的著作可视可读，宜赏致用，颇得读者缘。

我与徐华铛是师生更是朋友，20世纪80年代初他在浙江美术学院（现为中国美术学院）修习时，我是他的老师，续后交往依然绵密。尔来几近三十年矣，他已开甲，我逾古稀，故人间之交往自应归于友道了。华铛君是在从事工艺美术创作与研究中胜出的，他在入读美术学院之前早有文名，而著书则在稍后。先是兴之所致编写一些小集子，其中亦有与同好合作写成的。获得好评之后则更一发不可收。他素有寻根溯源的兴味，更有敷演于文字的冲动，加之他的勤勉与毅力，终于勃发不竭，蔚成大观。乃尔赞之以诗曰：

破读天书意近狂，　文山墨海任苍茫。
勤诚不废神人佑，　茅舍荆篱出凤凰。

抟泥磨石溯渊源，　长夜孤灯批旧篇。
沙里淘金岂论价，　此中别有一方天。

傅维安

2011年6月于中国美术学院

（傅维安：系中国著名动物雕塑家、中国美术学院教授）

目　录

刘海戏蟾牛腿

中国传统题材造型
民居牛腿

寿星牛腿

戏曲故事牛腿

人物牛腿

九、孝德类牛腿造型·················102

八、山水花鸟类牛腿造型·················94

一份历史留存下来的文化（代后记）·······120

卷首语：
牛腿，中国古民居中的一双亮丽眼睛

走进中国传统的民居大院，宛如走进一段悠远的历史。

随着两扇厚重的木门吱吱嘎嘎地缓缓开启，面对我们的是粗柱大梁构筑起来的气势，隔扇门窗排列起来的古雅，牛腿雀替雕琢起来的灿丽。那附着在粗柱大梁上的阴阳线刻，那排列在隔扇门窗上的深浅浮雕，那雕琢在牛腿雀替上的镂刻透雕，在朴素中显示华美，在粗犷中衬托纤细，使一幢幢古宅民居成了一座座艺术的殿堂。

在中国古民居的木雕构件中，最为诱人的是雕刻精美的牛腿。牛腿基本形状犹如上大下小的直角三角形，依附在古民居檐柱外向的上端，其上方直接或间接地承载着屋檐的重量。牛腿是古代木雕艺术家施展自己才智和雕艺的好地方，一座古民居价值的高低往往可以从牛腿的雕刻精工上反映出来。其雕刻的题材丰富多采，有历史典故，有戏曲故事，有祥禽瑞兽，有花鸟鱼虫，有山水风景，其间蕴含着人们深深的寓意心愿，洋溢着浓郁的民俗风情，让人领悟出个中的中华民族精神气魄，具有相当的亲和力。雕刻的画面上虽然没有一个字的说明，但昔日目不识丁的妇女和儿童都能理解。因此，牛腿被人们称为中国古民居中的一双亮丽眼睛。

古民居上的木雕牛腿，是留给后世的一份珍贵文化遗产，尽管经历了百多年甚至数百年的风雨，浅淡的木质本色已黯化成古旧的棕黑色，然而，正是这样一种复杂、沉重的色调，给这些古民居增添了几分历史的沧桑感和浓浓的文化内蕴，成了旅游者观雕刻之艺术，发思古之幽情的好场所，亦成了藏家争相追捧的新宠。

江南古民居

一、从"撑拱"到"牛腿"

　　牛腿是中国江南古民居特有的建筑构件。木雕牛腿与中国古民居有机地结合在一起，其布局之工，结构之巧，装饰之美，营造之精，集中体现了中国传统文化的精萃，蕴含着一定的历史价值，科学价值和艺术价值。牛腿由"撑拱"演变而来，而撑拱又由"斗拱"演变而成。斗拱，是中国古代高档木结构建筑所特有的一种构件，起着屋檐承重的作用。它使屋顶更为丰富厚重，也使出檐更为深远。由于斗拱由许多小块托座组成，制作和安装十分费工，因此，中国古民居便以一根斜木来代替，上端支托在屋顶的檐檩下，下端支撑在立柱上，这便是"撑拱"。撑拱又称"斜撑"。是建筑学上的专用名称。有的学者把撑拱和牛腿划为同一个类型，说撑拱是牛腿的早期雏形，这有一定的道理。

斗拱

撑拱

明代初期，撑拱是由木工制作的，上面没有雕饰，其形状就像壶瓶的嘴，缺乏美感，显得单纯而简陋。至明代中期，开始出现装饰性的阴刻曲线，继而慢慢出现卷草纹和回纹。随着时间的推移，撑拱的作用得到加强，形体渐渐变大，壶瓶嘴逐渐演变成倒挂龙的形状，继而往上大下小的直角三角形演变，而成为牛腿。

早期的牛腿为"S"形，后在S形上施以图案纹样的雕刻，手法为浅浮雕。清代中期，逐渐往深浮雕、镂空雕、半圆雕发展，形状趋向多样化，使牛腿成为最能发挥木雕技艺的地方，花工越来越多，水准越来越高，难度也越来越大。人们往往以牛腿雕刻技艺的高低来衡量一幢民居的价值。

S形牛腿之一　浙江东阳民居

S形牛腿之二　浙江上虞虞舜宗祠

S形牛腿之三　浙江东阳卢宅

S形牛腿之四　浙江宁波民居

　　至清代中后期，牛腿的雕刻达到鼎盛，艺人们交错地运用浮雕、镂空雕、半圆雕等技法，将其雕刻得灿如锦绣。有时一只牛腿得花数十工、上百工，不仅形象雕刻得精美绝伦，而且还雕出故事的连环情节，特别是正厅中间立柱两侧的牛腿，雕刻得最为精工，人们将这两只牛腿称为中国古民居木雕艺术中一双亮丽的眼睛。

牛腿，犹如古民居的一对亮丽眼睛

全雕型人物牛腿之一　浙中民居

　　牛腿的作用有三个：一是支撑挑檐的檩，由于牛腿的支撑，加大了屋顶的出檐，使屋檐下遮阳避雨的面积得到扩大，保护了立柱、墙面和门窗；二是承担屋檐的重量，使上方的重力通过牛腿传到檐柱上，保持建筑的稳定牢固；三是使支托的屋檐与檐柱之间通过牛腿的过渡达到自然和谐，无剪切感，并起到装饰美化的效果。

全雕型人物牛腿之二　浙江上虞虞舜宗祠

全雕型人物牛腿之三　浙江上虞虞舜宗祠

全雕型人物牛腿之四　浙江嵊州城隍庙戏台

全雕型动物牛腿　浙东民居

二、牛腿的类型

从撑拱到牛腿，其造型可分为三种类型：撑拱型、图案型和全雕型。

（一）撑拱型牛腿

撑拱型牛腿状如条形的斜撑，其外形往往呈上细下粗的纺锤状，上连檐檩，下接立柱，一般饰有少量花纹，简洁而精干。也有刻有具体形象的，生动多姿，但和整幢建筑相比，稍有单薄之感。四川成都青羊宫大门的牛腿如条状形的撑拱，上面雕刻着瑞兽踏云的图案，并上了彩，别具风韵。

（二）图案型牛腿

图案型牛腿的外形呈图案化装饰，有的呈卷草形，有的呈回纹形。图案型牛腿可以分成三种形式：第一种是直接用卷草形或回纹形组成牛腿，造型较为简单，在一般的民居中都可以看到。第二种是在卷草或回纹上加以枝叶及图案，组成富有装

撑拱型牛腿之一　藏品

撑拱型牛腿之二　浙江东阳卢宅

瑞兽踏云　四川成都青羊宫大门撑拱

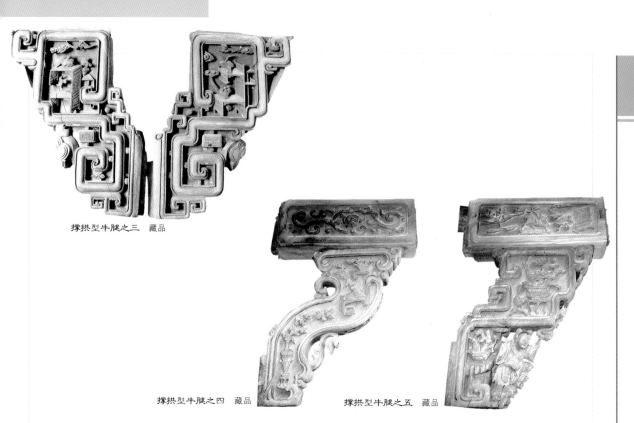

撑拱型牛腿之三　藏品

撑拱型牛腿之四　藏品　　　　撑拱型牛腿之五　藏品

饰性的牛腿，这种牛腿在民居中也较为普遍。第三种则雕饰得比较精美，它是用卷草或回纹作分隔的骨架，再在其间作块状的精细雕刻，如动物、植物、人物、山水风光等，具有较高的观赏价值。图案型牛腿一般不作过深的镂雕，因此显得牢固结实，运用范围很广。

卷草纹牛腿之一　浙江东阳卢宅

卷草纹牛腿之二　上海朱家角镇东井街

回纹型牛腿之一　浙江金华民居

回纹型牛腿之二　浙江金华民居

回纹型牛腿之三　浙江上虞虞舜宗祠

回纹型牛腿之四局部　藏品

回纹型牛腿之五　浙江上虞虞舜宗祠

回纹型牛腿之五（局部）

回纹型牛腿之六　浙江上虞虞舜宗祠

牛腿林立　浙江东阳清华堂

图案型牛腿之二　浙江东阳清华堂

图案型牛腿之一　浙江东阳清华堂

（三）全雕型牛腿

　　全雕型牛腿的本身就是一件雕刻作品，雕刻的工艺有深浮雕、镂空雕、半圆雕等。花工要比撑拱型、图案型牛腿大，雕刻的内容也多种多样，有人物、动物、博古和山水风光等。这些内容往往代表着主人的一种心情，一种趣味，一种审美。雕刻艺人在主人的授意下发挥自己的雕刻技艺，雕刀下的形象虽各有千秋，但他们对细节的刻画却很注重，哪怕是最小的部位，也很用心思：衣衫被风吹动的痕迹，花草舒展的纹理变化，狗儿伸懒腰的憨态等，力图展现出一种真实唯美的状态。如东阳

人物牛腿之一　浙江金华民居

牧归图牛腿　浙江东阳民居

人物牛腿之二　浙江上虞虞舜宗祠

　　牛腿"牧归图"，便是一幅充满着江南牧歌情趣的风
情画卷。这是一个初夏的傍晚，三位牧童打算迎着夕阳
西归，一位牧童一手牵牧牛，一手扬树枝，吆喝上路；另
一位牧童骑在牛背上，双手支托牛脊，正昂头动情地唱着牧
歌。猛然一阵夏风吹来，卷走了头上的笠帽，飘飘然地吹向高
处。还有一位牧童则蹲坐在山坡上，看着飘向高处的笠帽，发
出了幸灾乐祸的笑声。那在夏风中大幅飘扬的柳枝，为整幅画
面增添了勃发的生机。

人物牛腿之三　浙江上虞虞舜宗祠

动物牛腿之一　浙江上虞虞舜宗祠

动物牛腿之二　浙江嵊州城隍庙

动物牛腿之三　藏品

人物牛腿之五　浙江上虞虞舜宗祠

博古牛腿之一　浙江嵊州崇仁玉山公祠

博古牛腿之二　浙江嵊州华堂

两面雕刻不同形象的牛腿　浙江东阳清华堂

雕琢考究的牛腿还有两面雕刻的，即在同一只牛腿中有两个不同的雕刻画面。这种牛腿只有在上档次的古民居中才能见到，如全国重点文物保护单位的东阳卢宅，便有这种牛腿，一面雕刻的是天官赐福的形象，另一面却是寿翁颐养天年的画面，两者巧妙地吻合在一起，提高了牛腿的观赏价值。

古民居主要承重的构件
是柱子，柱子直立在地面上，
因此牛腿往往随柱子而均匀
的分布。牛腿雕刻的精细程
度也有明显的区别，前厅正
房的牛腿，雕刻精致而华丽，
两侧厢房及后面院落的牛腿
则粗犷而简洁。

牛腿随柱而立之二　浙江东阳卢宅

牛腿随柱而立之一　浙江东阳清华堂

牛腿随柱而立之三　浙江东阳卢宅

三、牛腿的附属装饰构件

　　牛腿雕饰的精细程度，往往是衡量一个家庭富裕程度的标志。因此一些殷实豪富之家便不惜工本，在牛腿上精工施艺，以显阔绰。为使牛腿衬托得更为丰富精美，牛腿以外的附属构件"挑头"、"刊头"、"衬垫"便相继问世。它们虽不属于牛腿范畴，但却依附着牛腿而存在。

　　挑头又称"押头"，是牛腿上方一块长方体的木料，它宛如一块盖头，得体地押住牛腿。为使挑头与雕刻精美的牛腿融为一体，艺人们便在挑头的两个侧面开栏施雕，雕的大多是人物浮雕群像，由于雕刻部位离开人们的视线有一段间距，又不可能走近观看，因此艺人们往往施以剔地深浮雕，使人物形象动感强烈，在光线照射下形成轮廓清晰的投影。常见的题材有戏曲故事，战争场景，也有花鸟形象等。

人物牛腿上的花鸟挑头

完整的人物牛腿

人物牛腿上的长挑头

花瓶博古挑头及挑头上的装饰

战争场面挑头

戏曲故事挑头

　　一些装饰华美的牛腿，在挑头的前方还有一组独立的圆雕，称为"刊头"。刊头雕刻体量虽不大，但由于位置突出，雕刻往往较为精细。其内容也很丰富，或花鸟、或人物、或动物，形态生动，寓意鲜明，饱含生机。其形象富有动势，或向前，或往上，指向明显。

完整的人物牛腿

牛腿挑头前的合仙刊头

中国传统题材造型 **民居牛腿**

倒挂回头狮刊头

倒挂朝前狮刊头

和合二仙刊头

神将牛腿　浙江上虞曹娥庙

神将牛腿下的衬垫

　　有的牛腿下面还有一块类似扇形的垫木叫"衬垫"，又叫"梁垫"，贴在立柱上，成了牛腿的支撑点。由于衬垫的位置较低，离人们的视线较近，因此雕刻工艺较为精细，其技法有剔地浮雕、剔地线刻及镂雕等，画面构图独立而完整。常见的造型有花鸟、神禽瑞兽及人物等。

人物牛腿下的衬垫之一（清末民初）
周光洪作

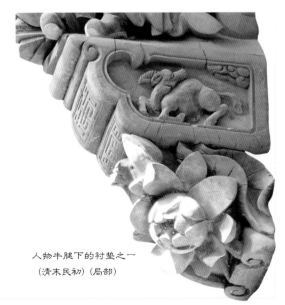

人物牛腿下的衬垫之一
（清末民初）（局部）

人物牛腿下的衬垫之二（清末民初）　周光洪作

人物牛腿下的衬垫之三（清末民初）　周光洪作

人物牛腿下的衬垫之二（清末民初）（局部）

人物牛腿下的衬垫之四（清末民初） 周光洪作

狮子牛腿下的衬垫

牛腿固定的榫头

浙江东阳卢宅树德堂的牛腿

　　一些上档次的厅堂还运用双重挑头，即在第一层挑头的上面加一个托斗，其上面再支出一个挑头。双重挑头又称"双层琴枋"，是一组木雕的装饰整体，显得丰富、豪华而有气派。

　　为能使牛腿牢固地固定在檩柱之间，牛腿的上方和一侧都留有榫头，以便使牛腿得体地榫合到檩柱中去。

双层挑头牛腿（左面）
浙江东阳卢宅树德堂

双层挑头牛腿（右面）
浙江东阳卢宅树德堂

四、瑞兽类牛腿造型

　　瑞兽，是民间艺术家对自然界中的走兽进行美化、神化后的艺术形象。它来自于自然，又高于自然，大多是古代人们在与自然现象的搏斗、追求美好境界的愿望中虚化出来的，是人们征服自然、驱除妖魔的精神寄托。在古民居的牛腿瑞兽造型中，最常见的形象是狮子，其他还有鹿、马、羊、虎、龙、麒麟、金蟾等，它们大多蕴含吉祥喜庆的瑞意。

（一）狮子牛腿造型

　　牛腿中的狮子造型不是大自然中的真实狮子，而是富有中国传统气派的瑞兽。狮子瞪着大眼，半咧着大嘴，波纹作毛发，

金狮牛腿 江苏苏州狮子林

双狮牛腿 藏品

雄狮牛腿　浙江绍兴舜王庙　　　　　　　　　　母狮牛腿　浙江绍兴舜王庙

卷纹作旋涡，身披璎珞彩带。狮子大多成双，右边的雌狮抚着仰脸做耍的乳狮，象征子嗣昌盛；左边的雄狮踩着精雅的彩球，象征江山永固。狮子的造型比自然界中的真实狮子更为浪漫生动，它们有的威猛雄强，有的憨态可掬，有的稚拙传神，而大多数的造型已失去官家的威严，变得活泼可爱。牛腿中的狮子一般由大狮子和小狮子组成，大狮小狮即"太师少师"，寓意官运亨通，爵位世袭。而且，"狮"与"事"谐音，表达住户"事事如意"的愿望。

铜狮牛腿　浙江杭州吴山

精狮牛腿　杭州楼外楼画舫

予嗣昌盛牛腿　浙江东阳民居

三架梁上的双狮　藏品

太师少师牛腿　浙江东阳清华堂

神狮牛腿　浙江浦江民居

呵护后代　浙江龙游民居

染色的狮子牛腿之一
浙江上虞曹娥庙大门

染色的狮子牛腿之二　浙江上虞曹娥庙大门

母子对话　浙江东阳瑞芝堂

保佑平安　浙江浦江民居

江山永固牛腿　藏品

福禄牛腿　藏品

待装配的神兽牛腿

江山万年 浙江嵊州城隍庙

待装配的神兽牛腿（局部）

神鹿报春　藏品

（二）鹿牛腿造型

鹿是珍贵的瑞兽，上古神话有西王母乘白鹿之说。"鹿"与"禄"谐音，意为俸禄，蕴含财与福。"虎鹿皆寿千岁"，民间又视鹿为长寿之物，因此木雕中常出现鹿的形象。牛腿中的鹿有单鹿（禄）、双鹿（路路顺利）、口含灵芝之鹿、和鹤同在之鹿（鹿鹤同春）、与寿星为伴之鹿（六合同寿）、与蝙蝠同在之鹿（福禄双全）等，总之，鹿能给宅居者带来吉祥美好的前程，如意快乐的生活。

太平瑞鹿　浙江东阳清华堂

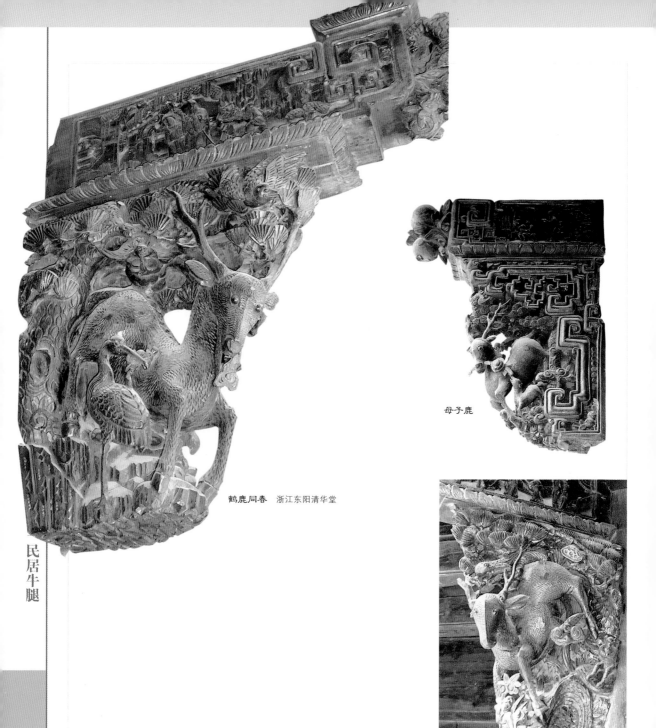

鹤鹿同春　浙江东阳清华堂

母子鹿

灵芝仙鹿　浙江东阳清华堂

民居牛腿

（三）麒麟牛腿造型

麒麟，是中华民族传统艺术宝库里的祥瑞神兽，受到历代人民广泛而持久的欢迎。"麒麟牛腿"和"麒麟降福牛腿"便是一个生动的写照。

（四）其他瑞兽牛腿造型

其他如神龙、神狮、神虎、神豹等瑞兽形象也可在各地民居的牛腿中看到。

麒麟降福　藏品

麒麟牛腿　浙江上虞虞舜宗祠

双龙牛腿　藏品

神兽送喜　藏品

母子神狮　浙江上虞虞舜宗祠

龙形神兽牛腿　杭州净寺

牛腿形神龙柱饰　四川民居

中国传统题材造型　**民居牛腿**

狮子·牛腿　浙江东阳天成堂

母子·神豹　浙江上虞虞舜宗祠

母子·神虎　浙江上虞虞舜宗祠

五、神仙类牛腿造型

神仙既是道的化身，又是得了道的楷模。道教中的神仙名号很多，其中有不少是历史上的真实人物，也有民间传说中的神话人物。在中国古典小说《西游记》和《封神演义》中，便有人们熟悉的大量神仙。木雕牛腿中的神仙，大多局限在老百姓喜闻乐见的吉祥类神仙中，如"福、禄、寿"中的三星，"八仙过海"中的八仙，"金钱吊蟾"中的刘海，"和合二仙"中的寒山、拾得等。

天官赐子　藏品

（一）"福、禄、寿"三星牛腿造型

"福、禄、寿"三星是牛腿中的常见题材。福禄寿三星高照，是一句吉利语，常见的福星手拿一个"福"字，禄星捧金元宝，

天官赐福　浙江东阳卢宅

如意天官　藏品

寿星托着寿桃、挂着拐杖。旁边添上蝙蝠、梅花鹿、寿桃，用它们的谐音来表达福、禄、寿的含义。

"福星"是天官的形象，他主管人间的福位，即"天官赐福"。福星大名鼎鼎，其出身来历众说不一，有人说他是天官，是从原始天尊嘴里吐出来的；有人说他是汉朝的道州刺史杨成，当时，道州多侏儒，汉武帝每年要道州进贡侏儒，供他赏玩。杨成上任后，就奏了一本，说"道州有矮民无矮奴"，汉武帝就免了这项进贡。道州人见杨成造福百姓，就尊奉他为福星。天官为一品大员，身穿蟒袍官服，腰束玉带，手持如意，五绺长髯，眉目和悦，仪表堂堂。由于民间有"多子为福"的观念，故福星又被称为"送子张仙"。人们把求子的愿望也寄托在天官身上，因此有的福星手抱白胖婴儿，名为"天官赐子"。

福星 浙江东阳清华堂

47

中国传统题材造型 **民居牛腿**

"禄星"是主管功名利禄的星官，为员外郎的形象。禄星身份复杂，有人认为他就是保佑考生金榜题名的文昌星，也有人认为他原本是身怀绝技的道士，名张远霄。总之，禄星身上寄托了人们对生活的理想。在明代，禄星又被赋予了一个全新的角色——送子的神仙。明朝初年的戏剧唱本中，就开始出现"禄星抱子下凡尘"的唱词，看来早在四五百年前，禄星就已经成为送子的张仙，一位姓张的神仙。但这送子的职能，有些来历不明，因为他与"天官赐子"混在一起了。

禄星　浙江东阳清华堂

禄满人间　藏品

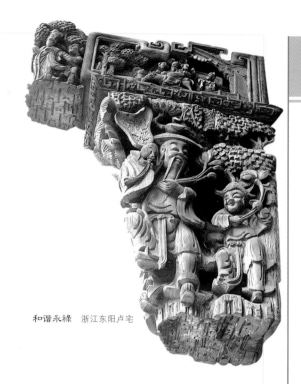

和谐永禄　浙江东阳卢宅

文昌星君　浙江东阳清华堂

幸福常禄　浙江龙游民居

南极仙翁之一　浙江龙游民居　　　　南极仙翁之二　浙江龙游民居

　　"寿星"，中国神话中的长寿之神，又称南极老人星，为南极仙翁形象。传说寿星是南方天空中的一颗星，谁见到这颗星，便能获得长寿。后来，人们把寿星人化了，成了长头高额，脑门发达，慈眉善目，和蔼可亲，胡子飘逸，面带笑容的老寿星形象。他左手扶一支龙头拐杖，右手捧一个寿桃，笑吟吟地面对大家。每当寿庆之日，他便来到寿堂，寓意颐养天年，健康长寿。

长寿之神　浙江东阳民居

寿星　浙江东阳清华堂

南极仙翁与白娘子 浙江东阳民居

寿驻人间 浙江东阳民居

汉钟离和吕洞宾 藏品

（二）"八仙"人物牛腿造型

"八仙故事"常见于徽州古宅。古徽州是徽商的集聚地，即现在安徽省的歙县、黟县、休宁、祁门、绩溪和江西省的婺源。徽商发迹后往往建造宅第，以耀门庭。在这些古民居中，道教人物"八仙"是牛腿常见的装饰题材。铁拐李、汉钟离、吕洞宾、张果老、何仙姑、蓝采和、曹国舅、韩湘子的八仙故事在民间流传很广。其中的《八仙庆寿》是讲八仙赴西王母寿诞"蟠桃盛会"途中，各带自己的法宝，在东海显示自己神通的故事。"八仙过海，各显神通"其实是一种生意经，一种商业崇拜，故受到徽商的青睐。

铁拐李和何仙姑　藏品

曹国舅和韩湘子　藏品

张果老和蓝采和　藏品

八仙牛腿之一　藏品

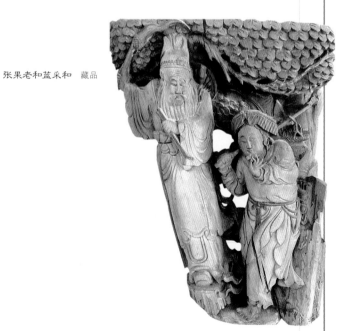

八仙牛腿之三　何雪青

八仙牛腿之四　藏品

八仙牛腿之二　何雪青

八仙牛腿之七　藏品

八仙牛腿之五　杭州净寺　　　八仙牛腿之六　杭州净寺

戏吊金蟾　藏品

（三）刘海戏蟾牛腿造型

刘海，本名刘操，字昭远，五代时期（907～960）人，居燕山一带，曾为燕王的丞相，后学道成仙，取道号为"海蟾子"，称为刘海蟾。传说中的刘海是个仙童，前额垂着整齐的短发，骑在金蟾上，手里舞着一串钱，是传统文化中的"福神"。金蟾为仙宫灵物，古人以为得之可致富。刘海戏蟾，步步钓金蟾，寓意财源广进，大富大贵。

吊淂金蟾　藏品

刘海戏蟾之一　浙江浦江民居

刘海戏蟾之二
浙江浦江民居

和合二仙中的和仙之一（局部）　　　　　　　和合二仙中的和仙之一　浦江民居

（四）"和合二仙"牛腿造型

　　和合二仙即寒山和拾得，是民间信仰广泛的喜庆之神。拾得折一朵盛开的荷花，寒山捧一圆盒，寓意和（荷）合（盒）。他们在苏州枫桥开山建寺，这就是"寒山寺"。寒山和拾得在寒山寺内结庐修行，慈悲济世，和合人间，最后修成正果，成了"和合二圣"，又称"和合二仙"。和合的"和"，是指和谐、和平、祥和；"合"指合作、友好、融合，是中华民族多元文化所整合的一种人文精神，故"和合二仙"深得民心。

和谐万代　浦江民居

和合二仙中的和仙之二　藏品

和合二仙中的合仙　藏品

引福归堂　藏品

（五）其他神仙类牛腿造型

其他如"引福归堂""时来运转，财源滚滚""级（戟）级上升""麻姑献寿""吉星高照"，这带有吉祥喜庆的题材，在江南民居的牛腿中经常能见到。

级（戟）级上升　藏品

时来运转，财源滚滚　浙江牛腿

吉星高照　浦江民居

麻姑献寿　浦江民居

六、武将神将类牛腿造型

　　在我国历代文学家创作的历史演义小说里，在民间说唱艺人描述的历史传奇故事中，出现了一批又一批能征贯战、武艺超群的武将神将，如《三国演义》中的关羽、张飞、赵云、黄忠，《隋唐演义》中的尉迟恭、秦叔宝，《说岳全传》中的岳飞、牛皋，《杨家将》中的杨六郎及《封神榜》中的四大天王、姜子牙、闻太师、黄飞虎等。这些武将、神将的结合，构成了一定的情节。这些情节反映了儒家思想中的"仁、义、礼、智、

三国演义中的挑灯战马超　浙江东阳横店　　　　　三国演义中的张飞义释严颜　浙江东阳横店

三国演义中的千里走单骑　浙江东阳横店

三国演义中的三顾草庐　浙江东阳横店

信"以及君臣之间的"忠"、父子之间的"孝"等。其中表现内容最多的是《三国演义》，这是一部集儒家忠、孝、节、义思想大成的古典名著。《挑灯战马超》、《张飞义释严颜》、《关云长千里走单骑》、《三顾草庐》、《刘备袭取涪水关》、《诸葛亮七擒孟获》、《定军山》等脍炙人口的故事情节，均在牛腿雕刻中升华成儒家思想的寓意，并得到淋漓尽致的体现。在人物的雕刻处理上虽有夸张却形神兼备，其造型多采用戏曲形象，姿态采用亮相式，头像采用脸谱式，从而较好地表现了人物的典型性格和气质。

三国演义中的刘备袭取涪水关
浙江东阳横店

三国演义中的七擒孟获　浙江东阳横店

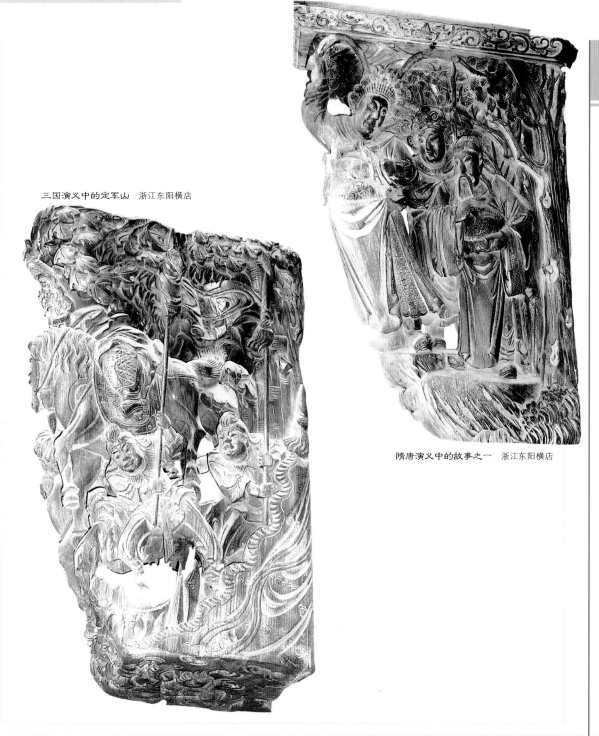

三国演义中的定军山　浙江东阳横店

隋唐演义中的故事之一　浙江东阳横店

65

隋唐演义中的故事之二　浙江东阳民居

隋唐演义中的故事之三　浙江东阳民居

隋唐演义中的故事之四　浙江东阳横店

戏曲故事牛腿之一　藏品

戏曲故事牛腿之二　藏品

戏曲故事牛腿之三　藏品

戏曲故事牛腿之四　藏品

戏曲故事牛腿之五　藏品

花木兰替父从军　浙江上虞虞舜宗祠

为民除恶　浙江上虞虞舜宗祠

封神演义中的闻太师　藏品

《封神演义》，俗称《封神榜》，系中国神魔小说。该书描写了阐教、截教诸仙斗智斗勇、破阵斩将封神的故事，书中包含了大量民间传说和神话。有姜子牙、哪吒等生动、鲜明的形象，最后以姜子牙封诸神和周武王封诸侯结尾。书中出现的神奇斗争场景和诸多神将，蕴含着人们的理想和对自己的保护，成了宗祠寺庙中木雕装饰的常见题材。这里我们特选用一组浙江上虞曹娥庙、浙江嵊州城隍庙及木雕艺术家何雪青创作的神将牛腿，供大家欣赏。

封神演义中的武将神将之一　藏品

封神演义中的武将神将之二　浙江上虞曹娥庙

封神演义中的武将神将之四
浙江上虞曹娥庙

封神演义中的武将神将之三
浙江上虞曹娥庙

封神演义中的武将神将之五　浙江上虞曹娥庙

71

封神演义中的武将神将之六　浙江嵊州城隍庙

封神演义中的武将神将之八
浙江嵊州城隍庙

封神演义中的武将神将之七
浙江嵊州城隍庙

封神演义中的武将神将之十　浙江上虞曹娥庙

封神演义中的武将神将之九　浙江上虞曹娥庙

封神演义中的武将神将之十一
浙江上虞曹娥庙

封神演义中的武将神将之十二　浙江嵊州城隍庙

姜太公遇周文王　浙江东阳民居

74

封神演义中的武将神将之十三　浙江上虞曹娥庙

封神榜之二　何雪青

封神榜之一　何雪青

四大天王牛腿之一　浙江嵊州华堂　　　　　四大天王牛腿之二　浙江嵊州华堂

　　在牛腿的神将造型中，以四大天王的形象为多，因为四大天王分别掌管着"风、调、雨、顺"中的四个环节，人们只有在一年中获得了"风调雨顺"，才能五谷丰登，平安幸福。因此，在江南的宗祠寺庙中，四大天王的造型较为普遍。牛腿的四位天王造型，往往仪表堂堂、威武慑人，显示其无往不胜的神威。

四大天王牛腿之三　浙江嵊州华堂

四大天王牛腿之四　浙江嵊州华堂

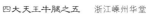

四大天王牛腿之五　浙江嵊州华堂

神将骑狮牛腿之一　明清民居博览城

神将骑狮牛腿之二　明清民居博览城

　　在江南的宗祠、寺庙建筑中，经常看到神将骑狮的牛腿造型。我们很难分清这是哪一路的神将，也叫不出这坐狮神将的名称。神将不仅有万夫不当之勇，护卫着一方的平安，而且还能降福纳祥，保佑大家美满幸福；神狮能日行千里，夜行八百，驱散妖雾，迎来太阳。中国式的神将，加上中国式的神狮，构成了中国江南宗祠、寺庙牛腿中的独特文化。

神将骑狮牛腿之三　浙江东阳民居

神将骑狮牛腿之四　藏品

神将骑狮牛腿之五　浙江龙游民居

神将骑狮牛腿之六　　浙江东阳民居

神将骑狮牛腿之七　　浙江龙游民居

神将骑狮牛腿之九　　藏品

神将骑狮牛腿之八　　藏品

神将骑狮牛腿之十一　　浙江嵊州崇仁戏台

神将骑狮牛腿之十　　浙江嵊州崇仁戏台

养生之道　浙江嵊州长乐大新屋

七、文人雅士类牛腿造型

　　"文人雅士"一般是指历史上舞文弄墨的高雅之士，"士"就是现在说的知识分子。透视木雕文人类牛腿，展现的是一片五彩缤纷的人文艺术天地。

　　人物牛腿的雕刻内容大多反映了房主人的爱好和地位，如官宦人家多以喜庆热闹的戏曲内容为多，而书香门第则多以文

松荫高士　浙江嵊州长乐大新屋

与文会友　浙江嵊州长乐大新屋

郊外踏青 浙江嵊州长乐大新屋

人雅士类题材为胜。这里推
出的文人雅士牛腿采自木雕
人才济济的浙江省嵊州市，
画面反映了文人与童子对话
的情趣，从中演绎出"养生
之道""松荫高士""与文
会友""郊外踏青""深秋
咏菊""春晓赏梅"的文人
雅士生活。这套牛腿的雕刻
时间为清代中期。

春晓赏梅　浙江嵊州长乐大新屋

深秋咏菊　浙江嵊州长乐大新屋

明代史人物系列牛腿之一　藏品

　　值得一提的是进入康（熙）乾（隆）盛世以后，读书致仕的风气越来越浓，读书人或进入仕途者在建造私家宅第之时，纷纷参与房屋的木雕装饰，他们请来技艺高超的木雕艺人掌刀，使民居中出现了一批高水平的木雕装饰构件，如"明代史人物系列牛腿"便是其中一例。这些牛腿刻画了明代读书致仕的一些生活场景，人物形象潇洒飘逸，刀功挺拔流畅，花纹洗练生动，场景细腻得体。值得寻味的是每根立柱上均刻有对联，其字体端庄工整，很有可能是房主人自己撰写的。这位房主人对明代历史有深入的研究，其撰写的文字联起来就是一部明代的历史，如"二十二年永乐""正统一十四春""成化二十三载""弘治十八年崩""正德登基十六""嘉靖四十五春""一统太平世界"等，每个对联六个字，其所标的年代基本上是明代各帝皇执政的岁月，其画面的人物和场景亦是明代的风格。他们有的在吟咏，有的在对弈，有的在酒宴，有的在行文，有的在会友，有的在出行，其间反映了明代文人雅士喜怒哀乐的生活情趣。看得出房主人是一位颇有社会地位的读书人，这些牛腿上的形象是他和雕刻艺人一起完成的，流存至今，弥足珍贵。

明代史人物系列牛腿之一（局部之一）

明代史人物系列牛腿之一（局部之二）

明代史人物系列牛腿之二　藏品

明代史人物系列牛腿之二（局部之一）

明代史人物系列牛腿之二（局部之二）

明代史人物系列牛腿之三（局部之一）

明代史人物系列牛腿之三　藏品

明代史人物系列牛腿之三（局部之二）

明代史人物系列牛腿之四（局部之一）

明代史人物系列牛腿之四　藏品

明代史人物系列牛腿之四（局部之二）

饮酒赏月 藏品

松下吟诗 藏品

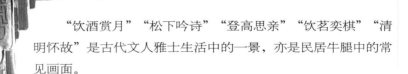

"饮酒赏月""松下吟诗""登高思亲""饮茗奕棋""清明怀故"是古代文人雅士生活中的一景,亦是民居牛腿中的常见画面。

登高思亲 浙江东阳明清民居博览城

饮茗奕棋　浙江东阳明清民居博览城　　　　清明怀故　浙江东阳明清民居博览城

渔　浙江东阳民居

中国传统题材造型 民居牛腿

　　"渔、樵、耕、读"也经常在牛腿雕刻中得到反映,其宗旨亦是儒家的哲理思想,故我们把它归类在"文人雅士"中。

　　渔,并不单指捕鱼,而是蕴含着一层更深的内容。"渔"和"余"谐音,表示了人们期盼生活美满年年有余的愿望。鱼为多仔的动物,繁殖力强,故又象征多子多福。

　　值得一提的是"渔"的题材受到历代士大夫阶层的青睐,他们往往把"渔"与看破红尘、归隐山林的隐士生涯等同起来,因此"渔隐"便成了中国的独特文化。当文人士大夫阶层在仕途及其他环境中遭到失落、挫折时,便寻求一种洁静的"渔隐"生活,达到"卧房阶下插鱼竿"的超脱境界。古代隐士仕途失意后,放浪形骸,足迹江湖,临渊羡鱼,

樵　浙江东阳民居

耕　浙江东阳民居

爱的就是鱼儿顺水逐浪，无牵无挂的意境，从而悟出生命的真谛。

　　樵，并不指打柴，而是寓意另一种含意。"樵"与"翘"谐音，比喻樵夫翘首，便能盼来鸿福。歙县古宅的牛腿生动地雕刻出了《渔樵问答》的场景：渔夫和樵夫在江边巧遇，互相问候致意。木雕艺人通过对人物衣着和面部表情的刻画，反映了劳动者淳朴、善良、乐观、幽默的性格。

　　耕，是农家种植谷物之意。中国历代统治者都重视农耕，皇帝在每年的开始都要到先农坛祭祀神农氏，以祈求国泰民安，五谷丰登。有的还表现养蚕、织布的农家生活，配以青山绿水的画面以及室内的环境，体现了当时的时代特征，具有浓郁的

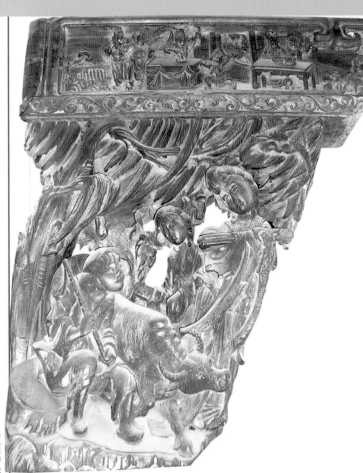

男耕女织　浙江东阳民居

读　浙江东阳民居

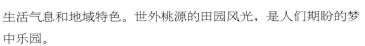

生活气息和地域特色。世外桃源的田园风光，是人们期盼的梦中乐园。

　　读，是读书寻求知识之意。华夏子孙以读书为人生的追求，"传家二字耕与读，守家二字勤与俭"，耕读是华夏子孙的传家之本，勤奋求知读书便成了儒家学说中的楷模。在封建科举制度下，读书致仕是封建文人的目标。在牛腿雕刻中，便有不少是表现中举、及第内容的，如《状元及第》、《五子登科》、《范进中举》等。

　　雕刻于清代中期的浙江东阳民居牛腿《苏武牧羊》，将汉代的苏武与骑牛的耕者结合在一起，颇有传奇色彩。

耕织传家　浙江上虞虞舜宗祠

苏武牧羊　浙江东阳民居

93

山乡田野　浙江东阳瑞霭堂

八、山水花鸟类牛腿造型

　　山水花鸟类题材是牛腿中的常见题材，这类题材的布局，既有层峦叠嶂、气象万千的雄浑，也有小桥流水、春风杨柳的秀丽。在表现手法上，它们有的是作为人物的衬景，有的则作为主体形象出现。其间还经常出现亭台楼阁、墙门庭院、桥梁城堡，这些建筑的雕刻精致玲珑，显示出古色古香的雅朴之美，给人以无穷的遐思。梅兰竹菊、松柏石榴、莲荷牡丹等造型在牛腿中也常常出现，这些花木的雕刻有繁有简，显示出生机勃勃的灵秀之美，让人们借物抒怀，寓意明确。这幅幅山水风景，有的受到当时的山水画名家画派的影响，一招一式均按"范本"布局；有的则按主人的意愿，由木雕艺人根据自己的生活积累和艺术素养直忆心胸。这一幅幅古风朴朴而又颇具生活气息的山水风光图，展示了人们向往安居乐业的美好愿望，留传至今，成了颇具历史价值的风俗图卷。

山林城堡　浙江东阳瑞霭堂

山中人家　浙江东阳瑞霭堂

山水园林　浙江东阳瑞霭堂

山野别墅　浙江东阳民居

山水楼阁　浙江东阳民居

山林鸣禽　浙江上虞虞舜宗祠

凤凰　藏品

　　飞禽则以仙鹤和凤凰为多。仙鹤即丹顶鹤，体形高大，文雅优美，寿命很长。民间传说丹顶鹤常与仙人相伴，故为"仙鹤"，仙鹤往往与松树在一起，以"松鹤延年"来象征长寿。凤凰是我国传说中的"神鸟"，素有"百鸟之王"的美称。凤凰是历代艺术家和劳动人民辛勤创作出来的艺术形象，它综合了各种禽鸟"美"的大成：锦鸡的头，鸳鸯的身，苍鹰的翅，仙鹤的足，孔雀的羽。整个造型飘逸秀美，婀娜多姿，寓意长寿吉祥与美满幸福。

仙鹤　浙江东阳清华堂

双鹅　浙江嵊州城隍庙

仙鹤　浙江东阳清华堂

双雁　浙江嵊州城隍庙

凤采牡丹　杭州西湖景区镜湖厅

凤凰翔云　浙江上虞曹娥庙

花鸟之二　藏品

　　有的牛腿以花为主体，禽鸟作点缀。

　　浙江绍兴舜王庙内有梅、兰、竹、菊四个牛腿，分别由四位官家少年手捧梅、兰、竹、菊四种花卉植物来表示，给整幢庙宇增添了几分吉祥喜庆的色彩。

花鸟之三（局部）

花鸟之四　杭州南山景区

花鸟之三　藏品

中国传统题材造型　民居牛腿

梅　浙江绍兴舜王庙

兰　浙江绍兴舜王庙

竹　浙江绍兴舜王庙

菊　浙江绍兴舜王庙

九、孝德类牛腿造型

　　孝德是我国古代重要的伦理思想之一，元代的文人郭居敬，辑录古代 24 个孝子的故事，编成《二十四孝》一书，流传甚广，成为宣传孝德文化的通俗读物。《二十四孝》的最初目的是维护礼教，尽管这些故事中存在着封建糟粕、与史不相符合之处，但是作为中华民族的传统美德之一，孝德文化，是值得我们学习、继承和发扬的。

灿若锦绣的虞舜宗祠木雕艺术

谁言寸草心　报得三春晖

虞舜孝感动天之一（局部）

虞舜孝感动天之一　浙江上虞虞舜宗祠

　　浙江上虞虞舜宗祠是一座颂扬孝德文化的场所，宗祠宽敞明亮，气势恢弘，在江南的宗祠建筑中极为罕见。其中，最为称道的是宗祠前院主殿和后院主殿中的牛腿。创制者以传统的孝德文化为主线，运用了群众喜闻乐见的写实表现形式，通过扎实的雕刻功底，将圆雕和深浅浮雕有机地结合在一起，创作了"虞舜孝感动天"、"孟宗哭竹成笋"、"菊香扇枕温衾"、"寿昌弃官寻母"等一个个脍炙人口的孝德故事，再现了《二十四孝》中的精华。牛腿呈全雕型，人物的动态，形神兼备；脸部的刻画，精致入微；景物的配置，完美得体。使牛腿与虞舜宗祠颂扬的孝德文化珠联璧合，堪称江南一绝。下面我们撷取 19 个最具典型性的牛腿，以飨大家。

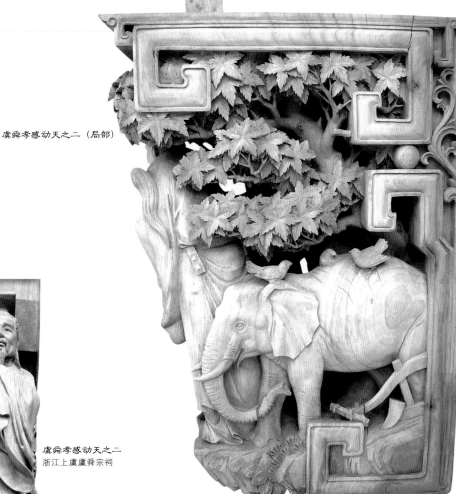

虞舜孝感动天之二（局部）

虞舜孝感动天之二
浙江上虞虞舜宗祠

1. 虞舜孝感动天

　　舜，传说中的远古帝王，五帝之一，姓姚，名重华，史称虞舜。相传他的父亲瞽叟及继母、异母弟弟象，多次想害死他。事后舜毫不嫉恨，仍对父亲恭顺，对弟弟慈爱，其孝行感动了天帝。舜在厉山耕种，大象替他耕地，百鸟代他锄草。帝尧听说舜非常孝顺，有处理政事的才干，把两个女儿娥皇和女英嫁给他。经过多年观察和考验，选定舜做他的继承人。舜登天子位后，去看望父亲，仍然恭恭敬敬，并封弟弟象为诸侯。

2. 仲由百里负米

仲由，字子路，春秋时期鲁国人，孔子的得意弟子，性格直率勇敢，十分孝顺。早年家中贫穷，常采野菜充饥，却从百里之外负米回家侍奉双亲。父母死后，他做了大官，所积的粮食有万钟之多，仍常常怀念双亲。

仲由百里负米

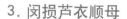
闵损芦衣顺母

3. 闵损芦衣顺母

闵损，字子骞，春秋时期鲁国人，孔子的弟子，在孔门中以德行与颜渊并称。他生母早死，父亲娶了后妻，又生了两个儿子，继母经常虐待他。冬天，两个弟弟穿着的冬衣用棉花做的，却给他穿用芦花做的冬衣。一天，父亲出门，闵损牵车时因寒冷打颤，将绳子掉落地上，遭到父亲的斥责和鞭打，芦花随着打破的衣缝飞了出来，父亲方知闵损受到虐待。父亲返回家，要休逐后妻。闵损跪求父亲饶恕继母，说："留下母亲只是我一个人受冷，休了母亲，三个孩子都要挨冻。"父亲就依了他。继母听说，悔恨知错。从此，如亲子般对待他。

107

曾参啮指心痛

4. 曾参啮指心痛

曾参，字子舆，春秋时期鲁国人，孔子的得意弟子，以孝著称。少年时家贫，常入山打柴。一天，家里来了客人，母亲不知所措，就用牙咬自己的手指。曾参忽然觉得心疼，知道母亲在呼唤自己，便背着柴禾迅速返回家中，跪问缘故。母亲说："有客人忽然到来，我咬手指盼你回来。"曾参于是接见客人，以礼相待。

5. 汉文帝亲尝汤药

汉文帝刘恒，系汉高祖第三子，为薄太后所生。他以仁孝之名，闻于天下，侍奉母亲从不懈怠。母亲卧病三年，他常常目不交睫，衣不解带；母亲所服的汤药，他亲口尝过后才放心让母亲服用。他在位24年，重德治，兴礼仪，注意发展农业，使西汉社会稳定，经济得到恢复和发展，他与汉景帝的统治时期被誉为"文景之治"。

6. 董永卖身葬父

董永，相传为东汉时期人，少年丧母，因避兵乱迁居他处。其后父亲亡故，董永卖身至一富家为奴，换取丧葬费用。上工路上，于槐荫下遇一女子，自言无家可归，二人结为夫妇。女子以一月时间织成三百匹锦缎，为董永抵债赎身，返家途中，行至槐荫，女子告诉董永：自己是天帝之女，奉命帮助董永还债。言毕凌空而去。

汉文帝亲尝汤药

董永卖身葬父

7. 江革行佣供母

江革，东汉时期人，少年丧父，侍奉母亲极为孝顺。战乱中，江革背着母亲逃难，几次遇到匪盗，贼人欲杀死他，江革哭告："老母年迈，无人奉养。"贼人见他孝顺，不忍杀他。后来，他迁居江苏下邳，做雇工供养母亲，自己贫穷赤脚，而母亲所需甚丰。明帝时被推举为孝廉，章帝时被推举为贤良方正。

江革行佣供母

丁兰刻木事亲

8. 丁兰刻木事亲

　　丁兰，东汉时期人，幼
年父母双亡，经常思念父母
的养育之恩。于是，用木头
刻成双亲的雕像，事之如生，
凡事均和木像商议，每日三
餐敬过双亲后自己方才食用，
出门前一定禀告，回家后一
定面见，从不懈怠。久之，
其妻对木像便不太恭敬了，
竟好奇地用针刺木像的手指，
而木像的手指居然有血流出。
丁兰回家见木像眼中垂泪，
问知实情，遂将妻子休弃。

陆绩怀橘遗亲

9. 陆绩怀橘遗亲

陆绩，三国时期吴国人，科学家。六岁时，随父亲陆康到九江谒见袁术，袁术拿出橘子招待，陆绩往怀里藏了两个橘子。临行时，橘子滚落地上，袁术嘲笑道："陆郎来我家作客，走的时候还要怀藏主人的橘子吗？"陆绩回答说："母亲喜欢吃橘子，我想拿回去送给母亲尝尝。"袁术见他小小年纪就懂得孝顺母亲，大加赞赏。

10. 黄香扇枕温衾

黄香，东汉时期人，九岁丧母，事父极孝。酷夏时为父亲扇凉枕席；寒冬时用身体为父亲温暖被褥。少年时即博通经典，文采飞扬，京师广泛流传"天下无双，江夏黄童"。

姜诗涌泉跃鲤

黄香扇枕温衾

11. 姜诗涌泉跃鲤

　　姜诗，东汉时期人，娶庞氏为妻。婆婆喜喝长江水，爱吃长江鱼。其家距长江六七里之遥，庞氏常到江边挑水捕鱼。一次因风大，庞氏取水晚归，姜诗将她逐出家门。庞氏寄居在邻居家中，昼夜纺纱织布，将积蓄所得托邻居送回家中孝敬婆婆。其后，婆婆知道了庞氏被逐之事，令姜诗将其请回。庞氏回家这天，院中忽然涌出泉水，口味与长江水相同，每天还有两条鲤鱼跃出。从此，庞氏便用这些供奉婆婆，不必远走江边了。

孟宗哭竹生笋

12. 孟宗哭竹生笋

孟宗，三国时江夏人，少年时父亡，母亲年老病重，医生嘱用鲜竹笋做汤为药引。适值严冬，没有鲜笋，孟宗无计可施，独自一人跑到竹林里，扶竹哭泣。少顷，他忽然听到地裂声，只见地上长出数茎嫩笋。孟宗大喜，采回做汤，母亲喝了后果然病愈。

13. 王裒闻雷泣墓

王裒，魏晋时期人，博学多能。父亲王仪被司马昭杀害，他隐居以教书为业。其母在世时怕雷，死后埋葬在山林中。王裒常常泪流满面，思念父母。每当风雨天气，听到雷声，他就跑到母亲坟前，跪拜安慰母亲。

孟宗哭竹生笋（局部之一）

哭竹生笋

孟宗哭竹生笋（局部之二）

王裒闻雷泣墓

郭巨埋儿奉母

14. 郭巨埋儿奉母

　　郭巨，晋代人，父亲死后，他对母极孝。后家境逐渐贫困，妻子生一男孩，郭巨担心养这个孩子，会影响供养母亲，遂和妻子商议："儿子可以再有，母亲死了不能复活，不如埋掉儿子，节省粮食，供养母亲。"当他们挖坑至地下二尺处，忽见一坛黄金，上书"天赐郭巨，官不得取，民不得夺"。夫妻得到黄金，回家孝敬母亲，兼养孩子。

15. 吴猛恣蚊饱血

　　吴猛，晋朝濮阳人。八岁时就懂得孝敬父母，每到夏夜，家里贫穷，没有蚊帐，蚊虫叮咬使父亲不能安睡。吴猛总是赤身坐在父亲床前，任蚊虫叮咬而不驱赶，担心蚊虫离开自己去叮咬父亲。

吴猛恣蚊饱血

杨香扼虎救父

16. 杨香扼虎救父

　　杨香，晋朝人。十四岁时随父亲到田间割稻，忽然跑来一只猛虎，把父亲扑倒叼走。杨香手无寸铁，为救父亲，全然不顾自己安危，急忙跳上前，用尽全身气力扼住猛虎的咽喉。猛虎终于放下父亲跑掉了。

唐夫人乳姑不怠

朱寿昌弃官寻母

17. 唐夫人乳姑不怠

崔山南，唐代博陵人，官至山南西道节度使。当年，崔山南的曾祖母长孙夫人，年事已高，牙齿脱落，祖母唐夫人十分孝顺，每天盥洗后，都上堂用自己的乳汁喂养婆婆，如此数年，长孙夫人不再吃其他饭食，身体依然健康。长孙夫人病重时，将全家大小召集在一起，说："我无以报答新妇之恩，但愿新妇的子孙媳妇也像她孝敬我一样孝敬她。"后来，果然像长孙夫人所嘱，两房媳妇均孝敬祖母唐夫人。

18. 朱寿昌弃官寻母

朱寿昌，宋代天长人。七岁时，生母刘氏被嫡母（父亲的正妻）嫉妒，不得不改嫁他人，五十年母子音信不通。神宗时，朱寿昌在朝做官，曾经刺血书写《金刚经》，行四方寻找生母，得到线索后，决心弃官到陕西寻找生母，发誓不见母亲永不返回。终于在陕州遇到生母和两个弟弟，母子欢聚，一起返回，这时母亲已经七十多岁了。

19. 曹娥寻父投江

除二十四孝外，上虞的曹娥也是远近闻名的孝女。曹娥是东汉时期浙江上虞人，父亲溺于江中，数日不见尸体。当时，曹娥年仅十四岁，昼夜沿江号哭。十七天后，仍不见父尸。五月五日，曹娥投江寻父，五日后抱出父尸。此事传至县府知事，即报送上司，广为颂扬。曹娥所住之村镇更名为曹娥镇，殉父之江为曹娥江，并建曹娥庙慰其孝心。曹娥庙现已成为"江南第一名庙"。

纪念曹娥孝女牛腿

九、孝德类牛腿造型

119

一份历史留存下来的文化
（代后记）

作者在书斋中

　　六年前，我编著出版了大型精装图书《中国古民居木雕》，书中以一定的篇幅讲述了牛腿的雕艺。书出版后，读者希望我能专门为民居牛腿写一本书，因牛腿是江南古民居中最为瞩目的一双亮丽眼睛，具有深厚的文化内蕴。

　　我开始关注牛腿，在古民居、古建筑的现场，在收藏家的陈列室，我寻觅着牛腿的影踪。面对这一只只牛腿，我陷入了绵长的深思：在我们这个时代，所有人都急着赶路，顾不得回望，历史就这样很容易被人遗忘。牛腿的造型及其上面的雕刻，虽然是古民居上的一个构件，一种装饰，但它却记录着那段时期的一种文化，具有厚重的历史沧桑感。好的东西需要与人分享，在这个快餐文化盛行的时代，我们更需要这种带有历史沧桑感的文化。现在，《民居牛腿》这本书已来到您的面前，让我们坐下来，打开民居牛腿这本书，一起来分享这一份历史留存下来的厚重文化吧。

　　值得一提的是《民居牛腿》是我在中国传统题材造型系列丛书中编著的第十三本书，在这套二十四本容量的系列丛书中，我已行程过半了。我期盼与更多的造型艺术家们结成朋友，吸纳更多的传统题材造型作品。这一方面让优秀的造型作品得到亮相的机会，特别是那些名不见经传而又身怀绝艺的民间艺人们能冒出"艺术的地平线"，使自己的人生价值得到体现。另一方面也让我以后编著的《济公》、《关公》、《仕女》、《勇士武将》、《文人雅士》、《民俗风情》、《山水》、《瑞兽祥禽》等专集造型书的质量得到进一步提高。

　　谢谢您的开卷阅读。

徐华铛

2011 年 8 月于浙江省嵊州市北直街
东豪新村 10 幢 3 单元 105 室 "远尘斋"